雪茄烟叶工商交接等级标准图册

Cigar Leaves Intercharge Grade Standards Between Industry and Commerce

烟草行业雪茄烟技术创新中心◎编

图书在版编目（CIP）数据

雪茄烟叶工商交接等级标准图册 / 烟草行业雪茄烟技术创新中心编. -- 北京 : 华夏出版社有限公司，2024.8
ISBN 978－7－5222－0593－9

Ⅰ. ①雪… Ⅱ. ①烟… Ⅲ. ①雪茄－烟叶－等级－标准 Ⅳ. ①TS424－65

中国国家版本馆 CIP 数据核字（2023）第 232055 号

雪茄烟叶工商交接等级标准图册

编　　者　烟草行业雪茄烟技术创新中心
责任编辑　霍本科
责任印制　刘　洋
照片摄制　廖章利
封面设计　李媛格

出版发行　华夏出版社有限公司
经　　销　新华书店
印　　装　三河市万龙印装有限公司
版　　次　2024 年 8 月北京第 1 版　2024 年 8 月北京第 1 次印刷
开　　本　787×1092　1/8 开本
印　　张　24.75
字　　数　77 千字
定　　价　199.00 元

华夏出版社有限公司　社址：北京市东直门外香河园北里 4 号　邮编：100028
网址：www.hxph.com.cn　电话：010－64663331（转）
投稿邮箱：hbk801@163.com　互动交流：010－64672903

主　编

李东亮

副主编

柴志顺　蔡　文　邢　蕾　刘路路
薛　芳　章征程　张倩颖　吉笑盈

编写人员

柴志顺　杨　振　安泓汋　郭　佳
李晓鹏　黄　洋　张倩颖　吉笑盈
范静苑　周　文　蒋忠荣　黄明月
陈姣文　周权威　王　跃　张贾宝

实物样品收集提供人员
（排名不分先后）

柴志顺　邢　蕾　蔡　文　廖　郎
阳苇丽　杨万龙　范静修　肖　亮
刘兴鑫　蔡　斌　贺晓辉　杨　炯
肖　洁　霍梦婷

雪茄烟叶等级技术要素

1. 等级要素

烟叶等级要素包括类型、质量等级、颜色、部位、形态、长度。具体等级要素、代码及表征见表 1。

表 1　等级要素、代码及表征

等级要素		代码及表征
类型	汉语	Wr（茄衣）；Bi（茄套）；Fi（茄芯）
	英语	Wr（Wrapper）；Bi（Binder）；Fi（Filler）
	西班牙语	Wr（Envoltura）；Bi（Capote）；Fi（Relleno）
质量等级	汉语	1（优）；2（良）；3（一般）；4（差）
	英语	1（Excellent）；2（Good）；3（Ordinary）；4（Inferior）
	西班牙语	1（Excelente）；2（Bien）；3（Ordinario）；4（Inferior）
颜色	汉语	A（青褐色）；B（黄褐色）；C（浅褐色）；D（中褐色）；E（红褐色）；F（深褐色）；G（黑褐色）
	英语	A（Olive drab）；B（Tawny）；C（Light brown）；D（Medium brown）；E（Rufous）；F（Dark brown）；G（Black brown）
	西班牙语	A（Gris oliva）；B（Leonado）；C（Marrón claro）；D（Marrón medio）；E（Rufo）；F（Marrón oscuro）；G（Negro marrón）
部位	汉语	B（上部叶）；C（中部叶）；X（下部叶）；M（混部位）
	英语	B（Upper leaves）；C（Medial leaves）；X（Lower leaves）；M（Mixed leaves）
	西班牙语	B（Hojas superiores）；C（Hojas mediales）；X（Hojas inferiores）；M（Hojas mixtas）
形态	汉语	Bt（把烟）；Fs（蛙腿）；Li（散叶）；S（碎片）
	英语	Bt（Bundle）；Fs（Frog strip）；Li（Leaf scrap）；S（Fragment）
	西班牙语	Bt（Paquete）；Fs（Tira de rana）；Li（Restos de hojas）；S（Fragmento）
长度	汉语	L（长度 ≥ 50cm）；M（35cm < 长度 < 50cm）；S（长度 ≤ 35cm）
	英语	L（Length ≥ 50cm）；M（35cm < Length < 50cm）；S（Length ≤ 35cm）
	西班牙语	L（Longitud ≥ 50cm）；M（35cm < Longitud < 50cm）；S（Longitud ≤ 35cm）

注：上部叶一般指烟株上部（3—5 片）烟叶，中部叶一般指烟株中部（6—8 片）烟叶，下部叶一般指烟株下部（3—4 片）烟叶，混部位指不同部位茄芯烟叶碎片相混。

茄衣长度分为长（L）、中等（M），茄套长度分为长（L）、中等（M），茄芯长度分为长（L）、中等（M）、短（S）。

本书雪茄烟叶颜色均采用中褐色，长度均采用中等长度。共收集整理四川、湖北、海南、云南等产地雪茄烟叶样品 168 个，其中茄衣样品 24 个，茄套样品 36 个，茄芯样品 108 个。

2. 质量等级要素

（1）茄衣

茄衣质量等级技术要求见表2。茄衣的成熟度、油分、身份、均匀性、完整度指标均达到某一质量等级要求时，质量等级定为该等级，否则按最低单项质量等级定级。

表 2　茄衣质量等级技术要求

质量等级	汉语	成熟度	油分	身份	均匀性	完整度
	英语	Maturity	Oil content	Thickness	Uniformity	Integrity
	西班牙语	Madurez	Contenido en aceite	Espesor	Uniformidad	Integridad
1	汉语	成熟	足	薄	均匀	完整
	英语	Mature	Rich	Thin	Symmetrical	Complete
	西班牙语	Maduro	Rico	Delgado	Simétrico	Completa
2	汉语	较熟至成熟	较足至足	中等	较均匀	较完整
	英语	Comparative mature - Mature	Comparative rich - Rich	Appropriate thick	Comparative symmetrical	Comparative complete
	西班牙语	Madurez comparativa - Maduro	Riqueza comparativa - Rico	Grosor adecuado	Simétrico comparativo	Comparativa completa
3	汉语	尚熟	尚足	稍厚	尚均匀	单边可用
	英语	Barely mature	Barely rich	Barely thick	Barely symmetrical	Only one side can be used
	西班牙语	Menos maduro	Menos ricos	Más grueso	Menos simétrico	Sólo se puede utilizar una cara

（2）茄套

茄套质量等级技术要求见表 3。茄套的成熟度、油分、完整度指标均达到某一质量等级要求时，质量等级定为该等级，否则按最低单项质量等级定级。

表 3　茄套质量等级技术要求

质量等级	汉语	成熟度	油分	完整度
	英语	Maturity	Oil content	Integrity
	西班牙语	Madurez	Contenido en aceite	Integridad
1	汉语	成熟	足	完整
	英语	Mature	Rich	Complete
	西班牙语	Maduro	Rico	Completa
2	汉语	较熟至成熟	较足至足	较完整
	英语	Comparative mature - Mature	Comparative rich - Rich	Comparative complete
	西班牙语	Madurez comparativa - Maduro	Riqueza comparativa - Rico	Comparativa completa
3	汉语	尚熟	尚足	单边可用
	英语	Barely mature	Barely rich	Only one side can be used
	西班牙语	Menos maduro	Menos ricos	Sólo se puede utilizar una cara
4	汉语	未达到 3 级质量要求		
	英语	Fail to meet level 3 quality standard		
	西班牙语	No cumple la norma de calidad de nivel 3		

（3）茄芯

茄芯质量等级技术要求见表 4。茄芯的成熟度、油分、均匀性指标均达到某一质量等级要求时，质量等级定为该等级，否则按最低单项质量等级定级。

表 4　茄芯质量等级技术要求

质量等级	汉语	成熟度	油分	均匀性
	英语	Maturity	Oil content	Uniformity
	西班牙语	Madurez	Contenido en aceite	Uniformidad
1	汉语	成熟	足	均匀
	英语	Mature	Rich	Symmetrical
	西班牙语	Maduro	Rico	Simétrico
2	汉语	较熟至成熟	较足至足	较均匀
	英语	Comparative mature - Mature	Comparative rich - Rich	Comparative symmetrical
	西班牙语	Madurez comparativa - Maduro	Riqueza comparativa - Rico	Simétrico comparativo
3	汉语	尚熟	尚足	尚均匀
	英语	Barely mature	Barely rich	Barely symmetrical
	西班牙语	Menos maduro	Menos ricos	Menos simétrico
4	汉语	未达到 3 级质量要求		
	英语	Fail to meet level 3 quality standard		
	西班牙语	No cumple la norma de calidad de nivel 3		

目　录
Contents

自 2020 年国产雪茄烟叶开发与应用重大专项启动以来，国产雪茄烟叶迅速发展，逐步形成了四川、云南、湖北、海南四大规模化生产区。2021 年 12 月 30 日发布行业《雪茄烟叶工商交接等级标准》，2022 年 3 月 1 日实施。本书以《雪茄烟叶工商交接等级标准》为基础进行选样编制，是文字标准的实物图片体现。

第一章　中国四川

四川

四川位于我国西南地区内陆，分属三大气候区，分别为四川盆地亚热带湿润气候、川西南山地亚热带半湿润气候、川西北高山高原高寒气候。这里的日照、水源、气候和土壤都有利于雪茄烟叶生长，具有悠久的雪茄烟叶种植史和雪茄烟生产史，以什邡和达州为代表。

什邡地处川西平原，属亚热带湿润气候区，气候温和，雨量充沛，日照偏少，四季分明，特点为夏雨冬阴，云雾多、日照少，年温差不太大，年均气温在13—17°C之间。

达州属亚热带湿润季风气候，热量资源丰富，无霜期300天左右，雨热同期，年均降水量1200毫米左右，年均气温在14.7—17.6°C之间，森林覆盖率44.34%，空气质量优良天数年均300天以上。

<table>
<tr><th>产地</th><th>品种</th><th>类型</th><th>等级</th><th>文字描述</th></tr>
<tr><td rowspan="19">四川德阳</td><td rowspan="19">德雪 1 号</td><td rowspan="3">茄衣</td><td>Wr-1-D-M</td><td>中褐色，成熟，油分足，身份薄，均匀，完整</td></tr>
<tr><td>Wr-2-D-M</td><td>中褐色，较熟，油分较足，身份中等，较均匀，较完整</td></tr>
<tr><td>Wr-3-D-M</td><td>中褐色，尚熟，油分尚足，身份稍厚，尚均匀，单边可用</td></tr>
<tr><td rowspan="4">茄套</td><td>Bi-1-M</td><td>成熟，油分足，完整</td></tr>
<tr><td>Bi-2-M</td><td>较熟，油分较足，较完整</td></tr>
<tr><td>Bi-3-M</td><td>尚熟，油分尚足，单边可用</td></tr>
<tr><td>Bi-4-M</td><td>未达到 3 级质量要求</td></tr>
<tr><td rowspan="12">茄芯</td><td>Fi-B-1-Bt-M</td><td>成熟，油分足，均匀</td></tr>
<tr><td>Fi-B-2-Bt-M</td><td>较熟，油分较足，较均匀</td></tr>
<tr><td>Fi-B-3-Bt-M</td><td>尚熟，油分尚足，尚均匀</td></tr>
<tr><td>Fi-B-4-Bt-M</td><td>未达到 3 级质量要求</td></tr>
<tr><td>Fi-C-1-Bt-M</td><td>成熟，油分足，均匀</td></tr>
<tr><td>Fi-C-2-Bt-M</td><td>较熟，油分较足，较均匀</td></tr>
<tr><td>Fi-C-3-Bt-M</td><td>尚熟，油分尚足，尚均匀</td></tr>
<tr><td>Fi-C-4-Bt-M</td><td>未达到 3 级质量要求</td></tr>
<tr><td>Fi-X-1-Bt-M</td><td>成熟，油分足，均匀</td></tr>
<tr><td>Fi-X-2-Bt-M</td><td>较熟，油分较足，较均匀</td></tr>
<tr><td>Fi-X-3-Bt-M</td><td>尚熟，油分尚足，尚均匀</td></tr>
<tr><td>Fi-X-4-Bt-M</td><td>未达到 3 级质量要求</td></tr>
</table>

产　　地：四川德阳

品　　种：德雪 1 号

类　　型：茄衣

等　　级：Wr-1-D-M

原 尺 寸：44cm x 24cm

图片比例：1:2

中褐色，成熟，油分足，身份薄，均匀，完整

产　　地：四川德阳
品　　种：德雪 1 号
类　　型：茄衣
等　　级：Wr-2-D-M
原 尺 寸：48cm x 25cm
图片比例：1:2

中褐色，较熟，油分较足，身份中等，较均匀，较完整

产　　地：四川德阳

品　　种：德雪 1 号

类　　型：茄衣

等　　级：Wr-3-D-M

原 尺 寸：48cm x 24cm

图片比例：1:2

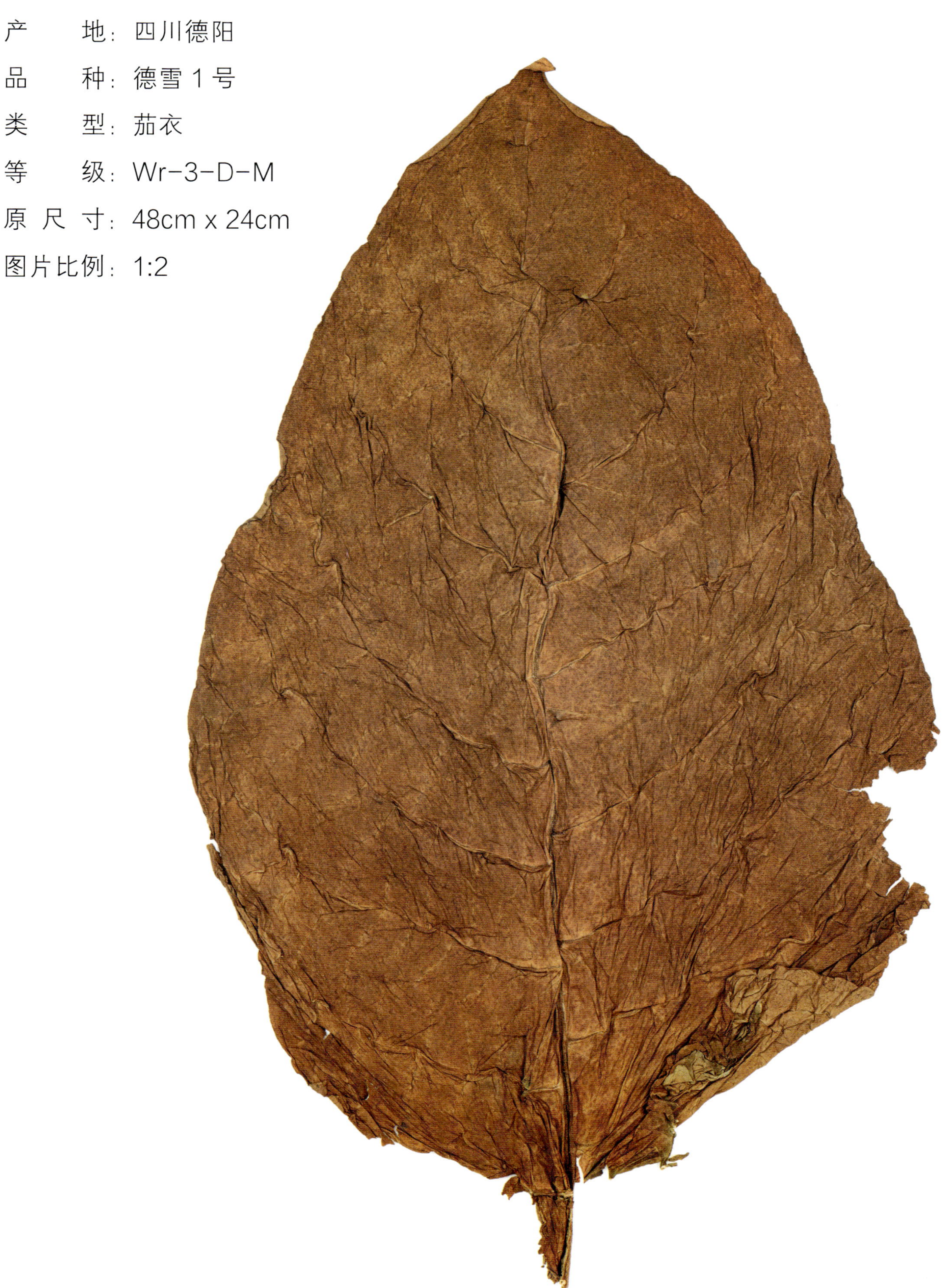

中褐色，尚熟，油分尚足，身份稍厚，尚均匀，单边可用

产　　地：四川德阳
品　　种：德雪 1 号
类　　型：茄套
等　　级：Bi-1-M
原 尺 寸：48cm x 30cm
图片比例：1:2

成熟，油分足，完整

产　　地：四川德阳

品　　种：德雪 1 号

类　　型：茄套

等　　级：Bi-2-M

原 尺 寸：45cm x 21.5cm

图片比例：1:2

较熟，油分较足，较完整

产　　地：四川德阳
品　　种：德雪 1 号
类　　型：茄套
等　　级：Bi-3-M
原 尺 寸：50cm x 25cm
图片比例：1:2

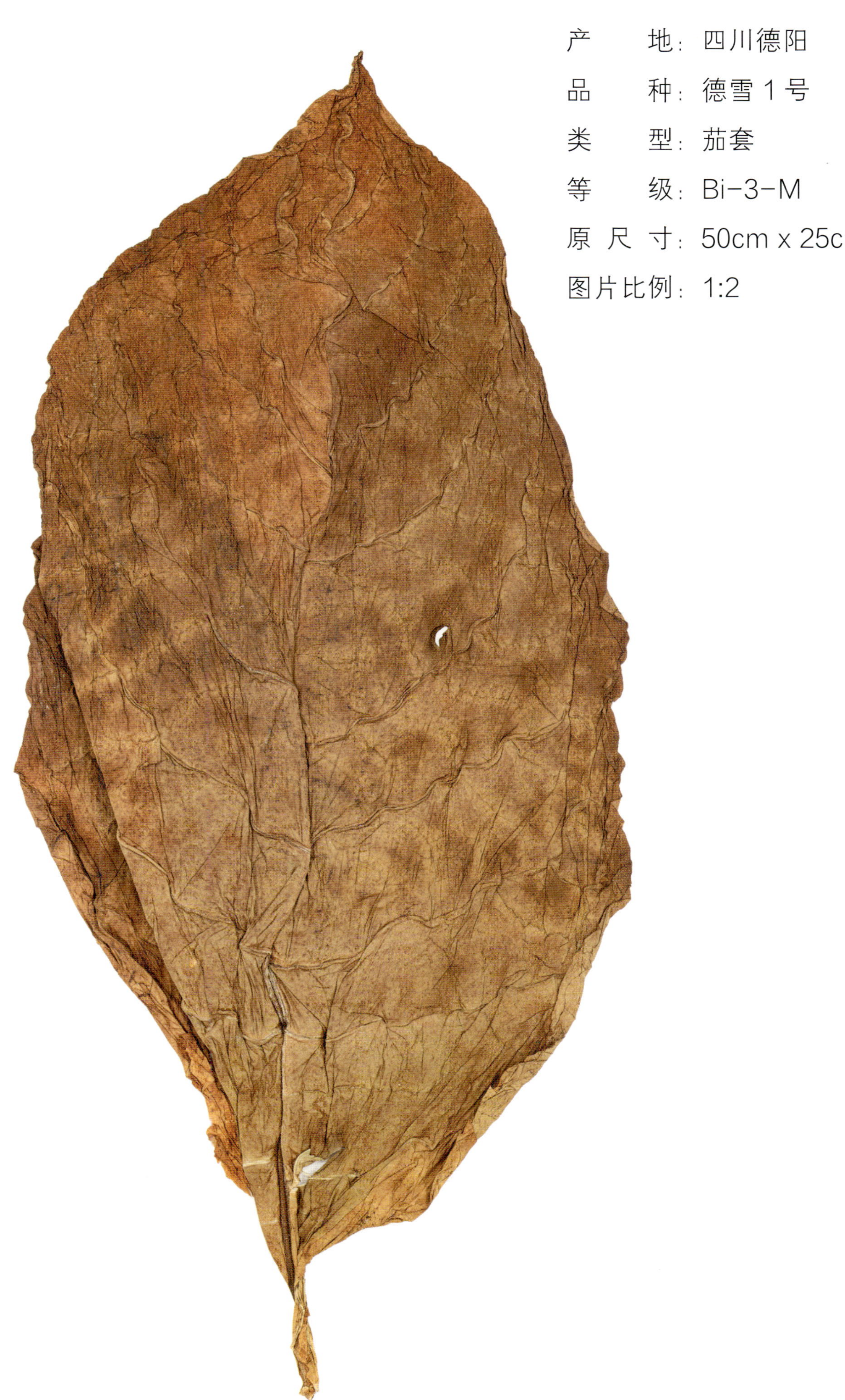

尚熟，油分尚足，单边可用

产　　地：四川德阳
品　　种：德雪 1 号
类　　型：茄套
等　　级：Bi-4-M
原 尺 寸：41cm x 19.5cm
图片比例：1:2

未达到 3 级质量要求

产　　地：四川德阳

品　　种：德雪 1 号

类　　型：茄芯

等　　级：Fi-B-1-Bt-M

原 尺 寸：56cm x 33cm

图片比例：1:2

成熟，油分足，均匀

产　　地：四川德阳
品　　种：德雪 1 号
类　　型：茄芯
等　　级：Fi-B-2-Bt-M
原 尺 寸：53cm x 27cm
图片比例：1:2

较熟，油分较足，较均匀

产　　地：四川德阳
品　　种：德雪 1 号
类　　型：茄芯
等　　级：Fi-B-3-Bt-M
原 尺 寸：50cm x 25cm
图片比例：1:2

尚熟，油分尚足，尚均匀

产　地：四川德阳

品　种：德雪 1 号

类　型：茄芯

等　级：Fi-B-4-Bt-M

原 尺 寸：39cm x 21cm

图片比例：1:2

未达到 3 级质量要求

产　　地：四川德阳

品　　种：德雪 1 号

类　　型：茄芯

等　　级：Fi-C-1-Bt-M

原 尺 寸：54cm x 27cm

图片比例：1:2

成熟，油分足，均匀

产　　地：四川德阳
品　　种：德雪 1 号
类　　型：茄芯
等　　级：Fi-C-2-Bt-M
原 尺 寸：54cm x 25cm
图片比例：1:2

较熟，油分较足，较均匀

产　　地：四川德阳
品　　种：德雪 1 号
类　　型：茄芯
等　　级：Fi-C-3-Bt-M
原 尺 寸：51cm x 30cm
图片比例：1:2

尚熟，油分尚足，尚均匀

产　　地：四川德阳

品　　种：德雪 1 号

类　　型：茄芯

等　　级：Fi-C-4-Bt-M

原 尺 寸：40cm x 20cm

图片比例：1:2

未达到 3 级质量要求

产　　地：四川德阳
品　　种：德雪 1 号
类　　型：茄芯
等　　级：Fi-X-1-Bt-M
原 尺 寸：50cm x 27cm
图片比例：1:2

成熟，油分足，均匀

产　　地：四川德阳
品　　种：德雪 1 号
类　　型：茄芯
等　　级：Fi-X-2-Bt-M
原 尺 寸：49cm x 29cm
图片比例：1:2

较熟，油分较足，较均匀

产　　地：四川德阳
品　　种：德雪 1 号
类　　型：茄芯
等　　级：Fi-X-3-Bt-M
原 尺 寸：40cm x 22cm
图片比例：1:2

尚熟，油分尚足，尚均匀

产　　地：四川德阳

品　　种：德雪 1 号

类　　型：茄芯

等　　级：Fi-X-4-Bt-M

原 尺 寸：37cm x 20cm

图片比例：1:2

未达到 3 级质量要求

产地	品种	类型	等级	文字描述
四川达州	川雪 2 号	茄衣	Wr-1-D-M	中褐色，成熟，油分足，身份薄，均匀，完整
			Wr-2-D-M	中褐色，较熟，油分较足，身份中等，较均匀，较完整
			Wr-3-D-M	中褐色，尚熟，油分尚足，身份稍厚，尚均匀，单边可用
		茄套	Bi-1-M	成熟，油分足，完整
			Bi-2-M	较熟，油分较足，较完整
			Bi-3-M	尚熟，油分尚足，单边可用
			Bi-4-M	未达到 3 级质量要求
		茄芯	Fi-B-1-Bt-M	成熟，油分足，均匀
			Fi-B-2-Bt-M	较熟，油分较足，较均匀
			Fi-B-3-Bt-M	尚熟，油分尚足，尚均匀
			Fi-B-4-Bt-M	未达到 3 级质量要求
			Fi-C-1-Bt-M	成熟，油分足，均匀
			Fi-C-2-Bt-M	较熟，油分较足，较均匀
			Fi-C-3-Bt-M	尚熟，油分尚足，尚均匀
			Fi-C-4-Bt-M	未达到 3 级质量要求
			Fi-X-1-Bt-M	成熟，油分足，均匀
			Fi-X-2-Bt-M	较熟，油分较足，较均匀
			Fi-X-3-Bt-M	尚熟，油分尚足，尚均匀
			Fi-X-4-Bt-M	未达到 3 级质量要求

产　　地：四川达州

品　　种：川雪 2 号

类　　型：茄衣

等　　级：Wr-1-D-M

原 尺 寸：50cm x 27cm

图片比例：1:2

中褐色，成熟，油分足，身份薄，均匀，完整

产　　地：四川达州

品　　种：川雪 2 号

类　　型：茄衣

等　　级：Wr-2-D-M

原 尺 寸：48cm x 25cm

图片比例：1:2

中褐色，较熟，油分较足，身份中等，较均匀，较完整

产　　地：四川达州
品　　种：川雪 2 号
类　　型：茄衣
等　　级：Wr-3-D-M
原 尺 寸：48cm x 26cm
图片比例：1:2

中褐色，尚熟，油分尚足，身份稍厚，尚均匀，
单边可用

产　　地：四川达州

品　　种：川雪 2 号

类　　型：茄套

等　　级：Bi-1-M

原 尺 寸：49cm x 25cm

图片比例：1:2

成熟，油分足，完整

产　　地：四川达州
品　　种：川雪 2 号
类　　型：茄套
等　　级：Bi-2-M
原 尺 寸：48cm x 24cm
图片比例：1:2

较熟，油分较足，较完整

产　　地：四川达州
品　　种：川雪 2 号
类　　型：茄套
等　　级：Bi-3-M
原 尺 寸：45cm x 24cm
图片比例：1:2

尚熟，油分尚足，单边可用

产　　地：四川达州

品　　种：川雪 2 号

类　　型：茄套

等　　级：Bi-4-M

原 尺 寸：43cm x 23cm

图片比例：1:2

未达到 3 级质量要求

产　　地：四川达州
品　　种：川雪 2 号
类　　型：茄芯
等　　级：Fi-B-1-Bt-M
原 尺 寸：55cm x 21cm
图片比例：1:2

成熟，油分足，均匀

产　　地：四川达州

品　　种：川雪 2 号

类　　型：茄芯

等　　级：Fi-B-2-Bt-M

原 尺 寸：50cm x 23cm

图片比例：1:2

较熟，油分较足，较均匀

产　　地：四川达州
品　　种：川雪 2 号
类　　型：茄芯
等　　级：Fi-B-3-Bt-M
原 尺 寸：42cm x 21cm
图片比例：1:2

尚熟，油分尚足，尚均匀

产　　地：四川达州

品　　种：川雪 2 号

类　　型：茄芯

等　　级：Fi-B-4-Bt-M

原 尺 寸：42cm x 17cm

图片比例：1:2

未达到 3 级质量要求

产　　地：四川达州

品　　种：川雪 2 号

类　　型：茄芯

等　　级：Fi-C-1-Bt-M

原 尺 寸：53.5cm x 25cm

图片比例：1:2

成熟，油分足，均匀

产　　地：四川达州

品　　种：川雪 2 号

类　　型：茄芯

等　　级：Fi-C-2-Bt-M

原 尺 寸：51cm x 25cm

图片比例：1:2

较熟，油分较足，较均匀

产　　地：四川达州
品　　种：川雪2号
类　　型：茄芯
等　　级：Fi-C-3-Bt-M
原 尺 寸：51cm x 24cm
图片比例：1:2

尚熟，油分尚足，尚均匀

产　　地：四川达州

品　　种：川雪 2 号

类　　型：茄芯

等　　级：Fi-C-4-Bt-M

原 尺 寸：52cm x 23cm

图片比例：1:2

未达到 3 级质量要求

产　　地：四川达州

品　　种：川雪 2 号

类　　型：茄芯

等　　级：Fi-X-1-Bt-M

原 尺 寸：47cm x 18cm

图片比例：1:2

成熟，油分足，均匀

产　　地：四川达州

品　　种：川雪 2 号

类　　型：茄芯

等　　级：Fi-X-2-Bt-M

原 尺 寸：43cm x 18cm

图片比例：1:2

较熟，油分较足，较均匀

产　　地：四川达州
品　　种：川雪 2 号
类　　型：茄芯
等　　级：Fi-X-3-Bt-M
原 尺 寸：41cm x 17cm
图片比例：1:2

尚熟，油分尚足，尚均匀

产　　地：四川达州

品　　种：川雪 2 号

类　　型：茄芯

等　　级：Fi-X-4-Bt-M

原 尺 寸：47cm x 20cm

图片比例：1:2

未达到 3 级质量要求

第二章　中国湖北

湖北地处中国中部地区，东邻安徽，西连重庆，西北与陕西接壤，南接江西、湖南，北与河南毗邻，介于北纬 29°01′53″—33°6′47″、东经 108°21′42″—116°07′50″ 之间。除高山地区属高山气候外，湖北大部分地区属亚热带季风性湿润气候，主要烟叶种植区域为十堰丹江口、恩施来凤、宜昌五峰。

丹江口市位于湖北西北部、汉江中上游，介于北纬 32°14′10″—32°58′10″、东经 110°34′47″—110°47′53″ 之间，地处襄阳、十堰、南阳“小三角”的正中央。丹江口市属北亚热带季风气候，具有降水充足、热量丰富、四季分明的特点，冬长于夏，春秋相近，夏季酷热，降水量集中，冬季严寒少雨雪，春秋气候温和。

恩施州介于北纬 29°07′10″—31°24′13″、东经 108°23′12″—110°38′08″ 之间，属亚热带季风性山地湿润气候，特点是冬少严寒，夏无酷暑，雾多寡照，终年湿润，降水充沛，雨热同期；海拔落差大，小气候特征明显，垂直差异突出。

宜昌市位于湖北西南部，地处长江上游与中游的接合部、鄂西武陵山脉和秦巴山脉向江汉平原的过渡地带，介于北纬 29°56′—31°34′、东经 110°15′—112°04′ 之间。宜昌市处于中亚热带与北亚热带的过渡地带，属亚热带季风性湿润气候，气候特征为四季分明、雨热同期、寒旱同季。

产地	品种	类型	等级	文字描述
湖北丹江口	CX-26	茄衣	Wr-1-D-M	中褐色，成熟，油分足，身份薄，均匀，完整
			Wr-2-D-M	中褐色，较熟，油分较足，身份中等，较均匀，较完整
			Wr-3-D-M	中褐色，尚熟，油分尚足，身份稍厚，尚均匀，单边可用
		茄套	Bi-1-M	成熟，油分足，完整
			Bi-2-M	较熟，油分较足，较完整
			Bi-3-M	尚熟，油分尚足，单边可用
			Bi-4-M	未达到 3 级质量要求
	CX-14	茄芯	Fi-B-1-Bt-M	成熟，油分足，均匀
			Fi-B-2-Bt-M	较熟，油分较足，较均匀
			Fi-B-3-Bt-M	尚熟，油分尚足，尚均匀
			Fi-B-4-Bt-M	未达到 3 级质量要求
			Fi-C-1-Bt-M	成熟，油分足，均匀
			Fi-C-2-Bt-M	较熟，油分较足，较均匀
			Fi-C-3-Bt-M	尚熟，油分尚足，尚均匀
			Fi-C-4-Bt-M	未达到 3 级质量要求
			Fi-X-1-Bt-M	成熟，油分足，均匀
			Fi-X-2-Bt-M	较熟，油分较足，较均匀
			Fi-X-3-Bt-M	尚熟，油分尚足，尚均匀
			Fi-X-4-Bt-M	未达到 3 级质量要求

产　　地：湖北丹江口
品　　种：CX-26
类　　型：茄衣
等　　级：Wr-1-D-M
原 尺 寸：44cm x 20cm
图片比例：1:2

中褐色，成熟，油分足，身份薄，均匀，完整

产　　地：湖北丹江口
品　　种：CX-26
类　　型：茄衣
等　　级：Wr-2-D-M
原 尺 寸：43cm x 20cm
图片比例：1:2

中褐色，较熟，油分较足，身份中等，较均匀，较完整

产　　地：湖北丹江口

品　　种：CX-26

类　　型：茄衣

等　　级：Wr-3-D-M

原 尺 寸：48cm x 19cm

图片比例：1:2

中褐色，尚熟，油分尚足，身份稍厚，尚均匀，单边可用

产　　地：湖北丹江口
品　　种：CX–26
类　　型：茄套
等　　级：Bi–1–M
原 尺 寸：46cm x 21cm
图片比例：1:2

成熟，油分足，完整

产　　地：湖北丹江口
品　　种：CX-26
类　　型：茄套
等　　级：Bi-2-M
原 尺 寸：45cm x 21cm
图片比例：1:2

较熟，油分较足，较完整

产　　地：湖北丹江口
品　　种：CX-26
类　　型：茄套
等　　级：Bi-3-M
原 尺 寸：42cm x 19.5cm
图片比例：1:2

尚熟，油分尚足，单边可用

产　　地：湖北丹江口

品　　种：CX-26

类　　型：茄套

等　　级：Bi-4-M

原 尺 寸：44cm x 21cm

图片比例：1:2

未达到 3 级质量要求

产　　地：湖北丹江口
品　　种：CX-14
类　　型：茄芯
等　　级：Fi-B-1-Bt-M
原 尺 寸：45cm x 18cm
图片比例：1:2

成熟，油分足，均匀

产　　地：湖北丹江口
品　　种：CX-14
类　　型：茄芯
等　　级：Fi-B-2-Bt-M
原 尺 寸：46cm x 18cm
图片比例：1:2

较熟，油分较足，较均匀

产　　地：湖北丹江口

品　　种：CX-14

类　　型：茄芯

等　　级：Fi-B-3-Bt-M

原 尺 寸：35cm x 16cm

图片比例：1:2

尚熟，油分尚足，尚均匀

产　　地：湖北丹江口

品　　种：CX-14

类　　型：茄芯

等　　级：Fi-B-4-Bt-M

原 尺 寸：34cm x 12cm

图片比例：1:2

未达到 3 级质量要求

产　　地：湖北丹江口
品　　种：CX-14
类　　型：茄芯
等　　级：Fi-C-1-Bt-M
原 尺 寸：50cm x 21cm
图片比例：1:2

成熟，油分足，均匀

产　　地：湖北丹江口

品　　种：CX-14

类　　型：茄芯

等　　级：Fi-C-2-Bt-M

原 尺 寸：41.5cm x 17.5cm

图片比例：1:2

较熟，油分较足，较均匀

产　　地：湖北丹江口
品　　种：CX-14
类　　型：茄芯
等　　级：Fi-C-3-Bt-M
原 尺 寸：43cm x 17.5cm
图片比例：1:2

尚熟，油分尚足，尚均匀

产　　地：湖北丹江口

品　　种：CX-14

类　　型：茄芯

等　　级：Fi-C-4-Bt-M

原 尺 寸：39cm x 19cm

图片比例：1:2

未达到 3 级质量要求

产　　地：湖北丹江口
品　　种：CX-14
类　　型：茄芯
等　　级：Fi-X-1-Bt-M
原 尺 寸：38cm x 16cm
图片比例：1:2

成熟，油分足，均匀

产　　地：湖北丹江口

品　　种：CX-14

类　　型：茄芯

等　　级：Fi-X-2-Bt-M

原 尺 寸：35cm x 15cm

图片比例：1:2

较熟，油分较足，较均匀

产　　地：湖北丹江口
品　　种：CX-14
类　　型：茄芯
等　　级：Fi-X-3-Bt-M
原 尺 寸：35cm x 15cm
图片比例：1:2

尚熟，油分尚足，尚均匀

产　　地：湖北丹江口

品　　种：CX−14

类　　型：茄芯

等　　级：Fi−X−4−Bt−M

原 尺 寸：32cm x 13cm

图片比例：1:2

未达到 3 级质量要求

产地	品种	类型	等级	文字描述
湖北恩施	CX-80	茄衣	Wr-1-D-M	中褐色，成熟，油分足，身份薄，均匀，完整
			Wr-2-D-M	中褐色，较熟，油分较足，身份中等，较均匀，较完整
			Wr-3-D-M	中褐色，尚熟，油分尚足，身份稍厚，尚均匀，单边可用
		茄套	Bi-1-M	成熟，油分足，完整
			Bi-2-M	较熟，油分较足，较完整
			Bi-3-M	尚熟，油分尚足，单边可用
			Bi-4-M	未达到 3 级质量要求
	CX-81	茄芯	Fi-B-1-Bt-M	成熟，油分足，均匀
			Fi-B-2-Bt-M	较熟，油分较足，较均匀
			Fi-B-3-Bt-M	尚熟，油分尚足，尚均匀
			Fi-B-4-Bt-M	未达到 3 级质量要求
			Fi-C-1-Bt-M	成熟，油分足，均匀
			Fi-C-2-Bt-M	较熟，油分较足，较均匀
			Fi-C-3-Bt-M	尚熟，油分尚足，尚均匀
			Fi-C-4-Bt-M	未达到 3 级质量要求
			Fi-X-1-Bt-M	成熟，油分足，均匀
			Fi-X-2-Bt-M	较熟，油分较足，较均匀
			Fi-X-3-Bt-M	尚熟，油分尚足，尚均匀
			Fi-X-4-Bt-M	未达到 3 级质量要求

产　　地：湖北恩施

品　　种：CX-80

类　　型：茄衣

等　　级：Wr-1-D-M

原 尺 寸：53cm x 23cm

图片比例：1:2

中褐色，成熟，油分足，身份薄，均匀，完整

产　　地：湖北恩施
品　　种：CX-80
类　　型：茄衣
等　　级：Wr-2-D-M
原 尺 寸：44cm x 20.5cm
图片比例：1:2

中褐色，较熟，油分较足，身份中等，较均匀，较完整

产　　地：湖北恩施

品　　种：CX-80

类　　型：茄衣

等　　级：Wr-3-D-M

原 尺 寸：49.5cm x 24cm

图片比例：1:2

中褐色，尚熟，油分尚足，身份稍厚，尚均匀，单边可用

产　　地：湖北恩施
品　　种：CX-80
类　　型：茄套
等　　级：Bi-1-M
原 尺 寸：55cm x 23cm
图片比例：1:2

成熟，油分足，完整

产　　地：湖北恩施

品　　种：CX-80

类　　型：茄套

等　　级：Bi-2- M

原 尺 寸：52cm x 29cm

图片比例：1:2

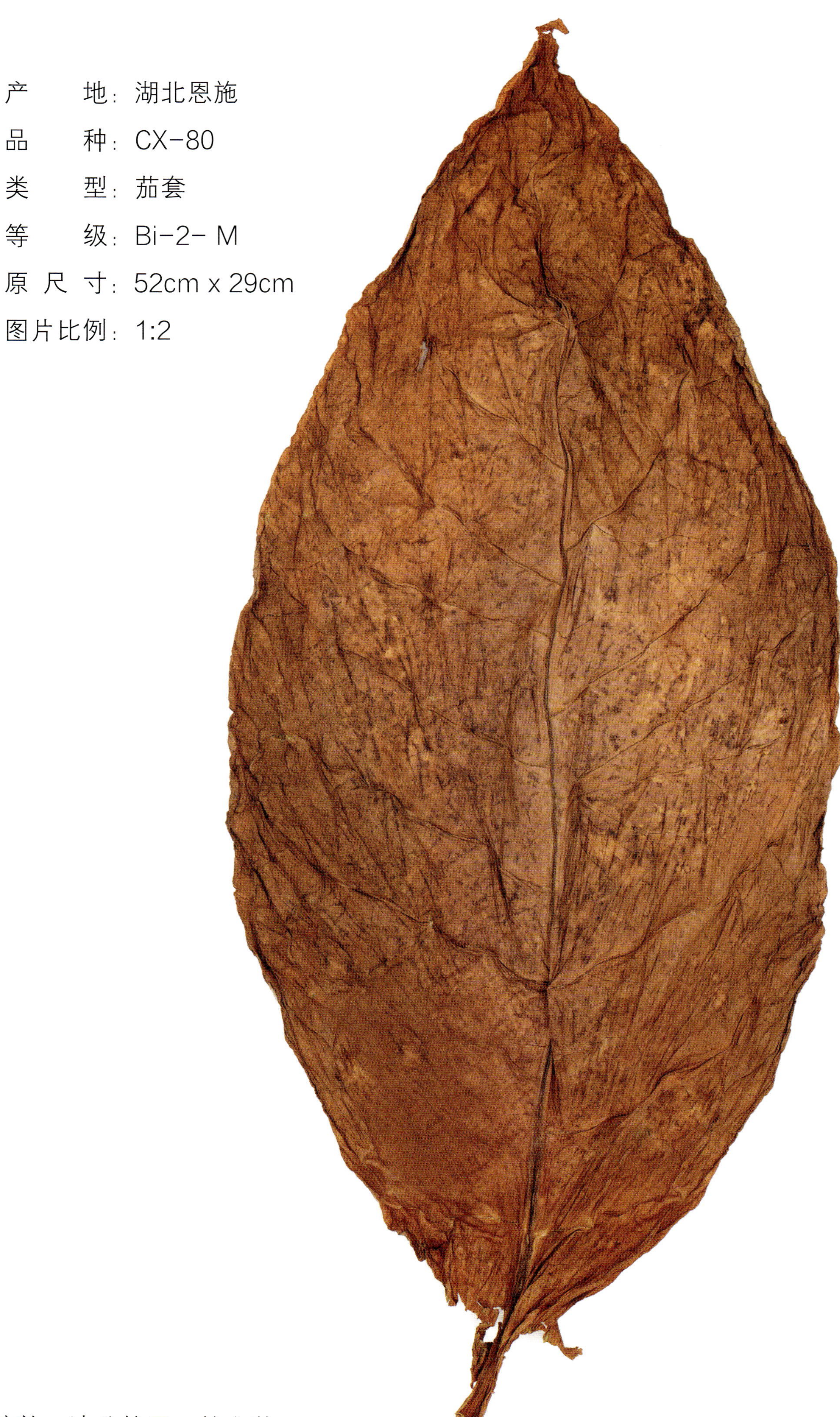

较熟，油分较足，较完整

产　　地：湖北恩施
品　　种：CX-80
类　　型：茄套
等　　级：Bi-3-M
原 尺 寸：51cm x 23cm
图片比例：1:2

尚熟，油分尚足，单边可用

产　　地：湖北恩施

品　　种：CX-80

类　　型：茄套

等　　级：Bi-4- M

原 尺 寸：36cm x 15cm

图片比例：1:2

未达到 3 级质量要求

产　　地：湖北恩施
品　　种：CX-81
类　　型：茄芯
等　　级：Fi-B-1-Bt-M
原 尺 寸：47cm x 25cm
图片比例：1:2

成熟，油分足，均匀

产　　地：湖北恩施

品　　种：CX-81

类　　型：茄芯

等　　级：Fi-B-2-Bt-M

原 尺 寸：43cm x 21cm

图片比例：1:2

较熟，油分较足，较均匀

产　　地：湖北恩施
品　　种：CX-81
类　　型：茄芯
等　　级：Fi-B-3-Bt-M
原 尺 寸：52cm x 26cm
图片比例：1:2

尚熟，油分尚足，尚均匀

产　　地：湖北恩施

品　　种：CX-81

类　　型：茄芯

等　　级：Fi-B-4-Bt-M

原 尺 寸：40cm x 18cm

图片比例：1:2

未达到 3 级质量要求

产　　地：湖北恩施
品　　种：CX-81
类　　型：茄芯
等　　级：Fi-C-1-Bt-M
原 尺 寸：51cm x 25cm
图片比例：1:2

成熟，油分足，均匀

产　　地：湖北恩施
品　　种：CX-81
类　　型：茄芯
等　　级：Fi-C-2-Bt-M
原 尺 寸：47cm x 21cm
图片比例：1:2

较熟，油分较足，较均匀

产　　地：湖北恩施

品　　种：CX-81

类　　型：茄芯

等　　级：Fi-C-3-Bt-M

原 尺 寸：50cm x 24.5cm

图片比例：1:2

尚熟，油分尚足，尚均匀

产　　地：湖北恩施

品　　种：CX-81

类　　型：茄芯

等　　级：Fi-C-4-Bt-M

原 尺 寸：48cm x 18cm

图片比例：1:2

未达到 3 级质量要求

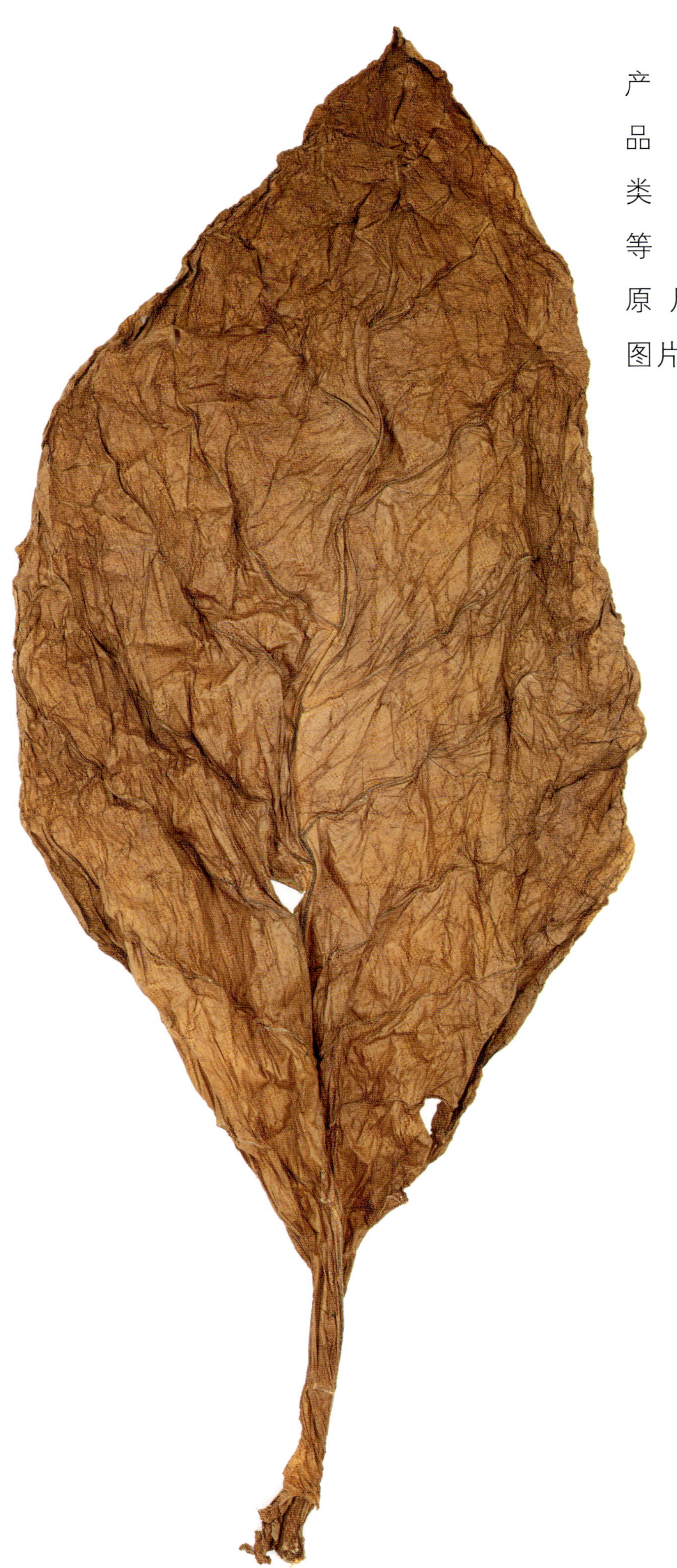

产　　地：湖北恩施
品　　种：CX-81
类　　型：茄芯
等　　级：Fi-X-1-Bt-M
原 尺 寸：52cm x 25cm
图片比例：1:2

成熟，油分足，均匀

产　　地：湖北恩施

品　　种：CX-81

类　　型：茄芯

等　　级：Fi-X-2-Bt-M

原 尺 寸：49cm x 22cm

图片比例：1:2

较熟，油分较足，较均匀

产　　地：湖北恩施
品　　种：CX-81
类　　型：茄芯
等　　级：Fi-X-3-Bt-M
原 尺 寸：46cm x 24cm
图片比例：1:2

尚熟，油分尚足，尚均匀

产　　地：湖北恩施

品　　种：CX-81

类　　型：茄芯

等　　级：Fi-X-4-Bt-M

原 尺 寸：40cm x 22cm

图片比例：1:2

未达到 3 级质量要求

产地	品种	类型	等级	文字描述
湖北宜昌	CX-26	茄衣	Wr-1-D-M	中褐色，成熟，油分足，身份薄，均匀，完整
			Wr-2-D-M	中褐色，较熟，油分较足，身份中等，较均匀，较完整
			Wr-3-D-M	中褐色，尚熟，油分尚足，身份稍厚，尚均匀，单边可用
		茄套	Bi-1-M	成熟，油分足，完整
			Bi-2-M	较熟，油分较足，较完整
			Bi-3-M	尚熟，油分尚足，单边可用
			Bi-4-M	未达到 3 级质量要求
		茄芯	Fi-B-1-Bt-M	成熟，油分足，均匀
			Fi-B-2-Bt-M	较熟，油分较足，较均匀
			Fi-B-3-Bt-M	尚熟，油分尚足，尚均匀
			Fi-B-4-Bt-M	未达到 3 级质量要求
			Fi-C-1-Bt-M	成熟，油分足，均匀
			Fi-C-2-Bt-M	较熟，油分较足，较均匀
			Fi-C-3-Bt-M	尚熟，油分尚足，尚均匀
			Fi-C-4-Bt-M	未达到 3 级质量要求
			Fi-X-1-Bt-M	成熟，油分足，均匀
			Fi-X-2-Bt-M	较熟，油分较足，较均匀
			Fi-X-3-Bt-M	尚熟，油分尚足，尚均匀
			Fi-X-4-Bt-M	未达到 3 级质量要求

产　　地：湖北宜昌
品　　种：CX-26
类　　型：茄衣
等　　级：Wr-1-D-M
原 尺 寸：49cm x 23cm
图片比例：1:2

中褐色，成熟，油分足，身份薄，均匀，完整

产　　地：湖北宜昌

品　　种：CX-26

类　　型：茄衣

等　　级：Wr-2-D-M

原 尺 寸：48cm x 22cm

图片比例：1:2

中褐色，较熟，油分较足，身份中等，较均匀，较完整

产　　地：湖北宜昌

品　　种：CX-26

类　　型：茄衣

等　　级：Wr-3-D-M

原 尺 寸：47cm x 22cm

图片比例：1:2

中褐色，尚熟，油分尚足，身份稍厚，尚均匀，单边可用

产　　地：湖北宜昌
品　　种：CX-26
类　　型：茄套
等　　级：Bi-1-M
原 尺 寸：49cm x 20cm
图片比例：1:2

成熟，油分足，完整

产　　地：湖北宜昌
品　　种：CX-26
类　　型：茄套
等　　级：Bi-2-M
原 尺 寸：49cm x 23cm
图片比例：1:2

较熟，油分较足，较完整

产　　地：湖北宜昌
品　　种：CX-26
类　　型：茄套
等　　级：Bi-3-M
原 尺 寸：50cm x 24cm
图片比例：1:2

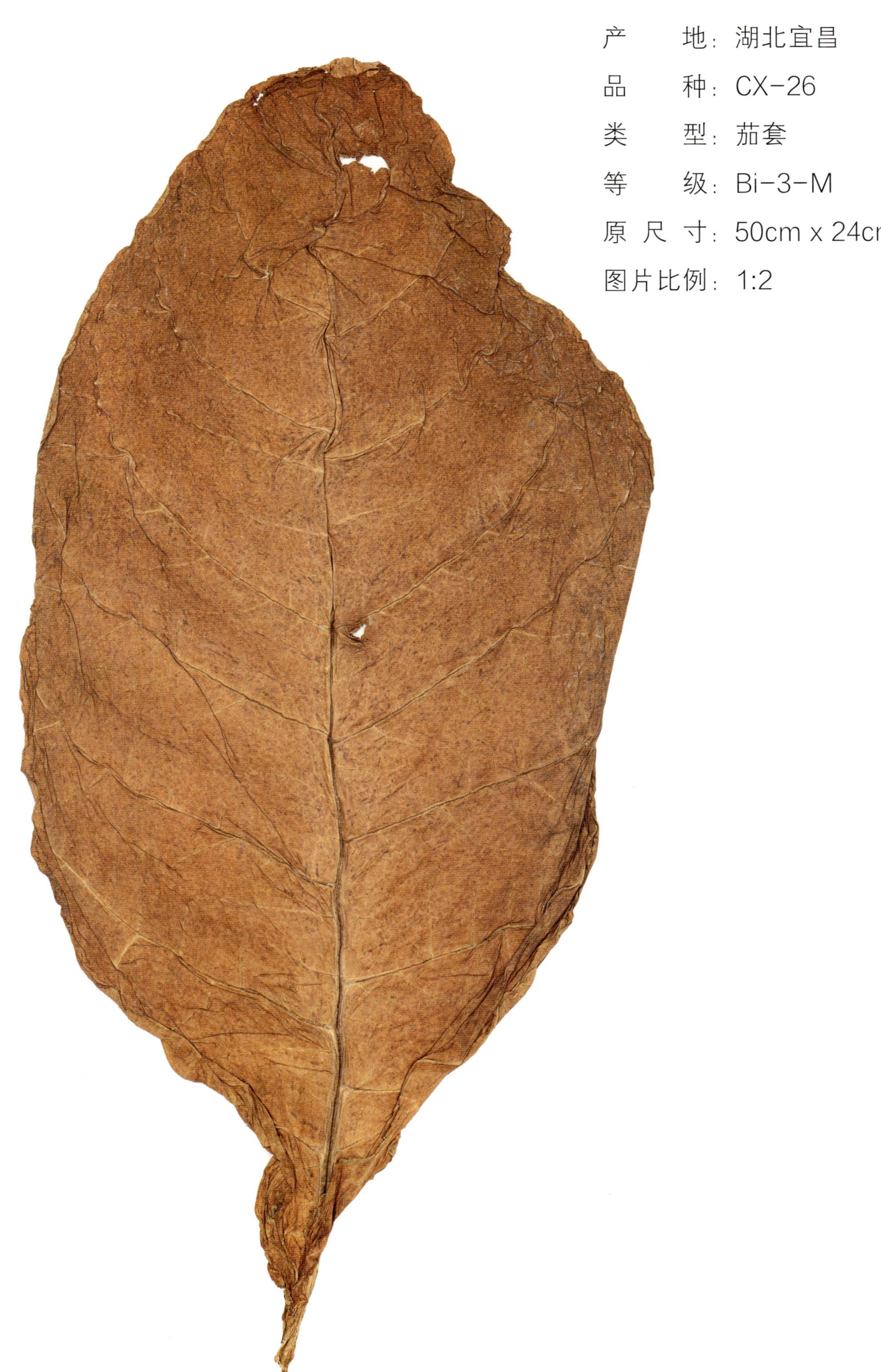

尚熟，油分尚足，单边可用

产　　地：湖北宜昌

品　　种：CX-26

类　　型：茄套

等　　级：Bi-4-M

原 尺 寸：40cm x 23cm

图片比例：1:2

未达到 3 级质量要求

产　　地：湖北宜昌
品　　种：CX-26
类　　型：茄芯
等　　级：Fi-B-1-Bt-M
原 尺 寸：52cm x 24.5cm
图片比例：1:2

成熟，油分足，均匀

产　　地：湖北宜昌

品　　种：CX-26

类　　型：茄芯

等　　级：Fi-B-2-Bt-M

原 尺 寸：53cm x 24cm

图片比例：1:2

较熟，油分较足，较均匀

产　　地：湖北宜昌
品　　种：CX-26
类　　型：茄芯
等　　级：Fi-B-3-Bt-M
原 尺 寸：47.5cm x 20cm
图片比例：1:2

尚熟，油分尚足，尚均匀

产　　地：湖北宜昌

品　　种：CX-26

类　　型：茄芯

等　　级：Fi-B-4-Bt-M

原 尺 寸：46cm x 20.5cm

图片比例：1:2

未达到 3 级质量要求

产　　地：湖北宜昌

品　　种：CX-26

类　　型：茄芯

等　　级：Fi-C-1-Bt-M

原 尺 寸：56.5cm x 26cm

图片比例：1:2

成熟，油分足，均匀

产　　地：湖北宜昌

品　　种：CX-26

类　　型：茄芯

等　　级：Fi-C-2-Bt-M

原 尺 寸：58.5cm x 27cm

图片比例：1:2

较熟，油分较足，较均匀

产　　地：湖北宜昌

品　　种：CX-26

类　　型：茄芯

等　　级：Fi-C-3-Bt-M

原 尺 寸：51.5cm x 23.5cm

图片比例：1:2

尚熟，油分尚足，尚均匀

产　　地：湖北宜昌

品　　种：CX-26

类　　型：茄芯

等　　级：Fi-C-4-Bt-M

原 尺 寸：49.5cm x 20cm

图片比例：1:2

未达到 3 级质量要求

产　　地：湖北宜昌
品　　种：CX-26
类　　型：茄芯
等　　级：Fi-X-1-Bt-M
原 尺 寸：53cm x 26.8cm
图片比例：1:2

成熟，油分足，均匀

产　　地：湖北宜昌

品　　种：CX-26

类　　型：茄芯

等　　级：Fi-X-2-Bt-M

原 尺 寸：47cm x 26cm

图片比例：1:2

较熟，油分较足，较均匀

产　　地：湖北宜昌

品　　种：CX-26

类　　型：茄芯

等　　级：Fi-X-3-Bt-M

原 尺 寸：49cm x 20.5cm

图片比例：1:2

尚熟，油分尚足，尚均匀

产　　地：湖北宜昌

品　　种：CX-26

类　　型：茄芯

等　　级：Fi-X-4-Bt-M

原 尺 寸：40.6cm x 19.2cm

图片比例：1:2

未达到 3 级质量要求

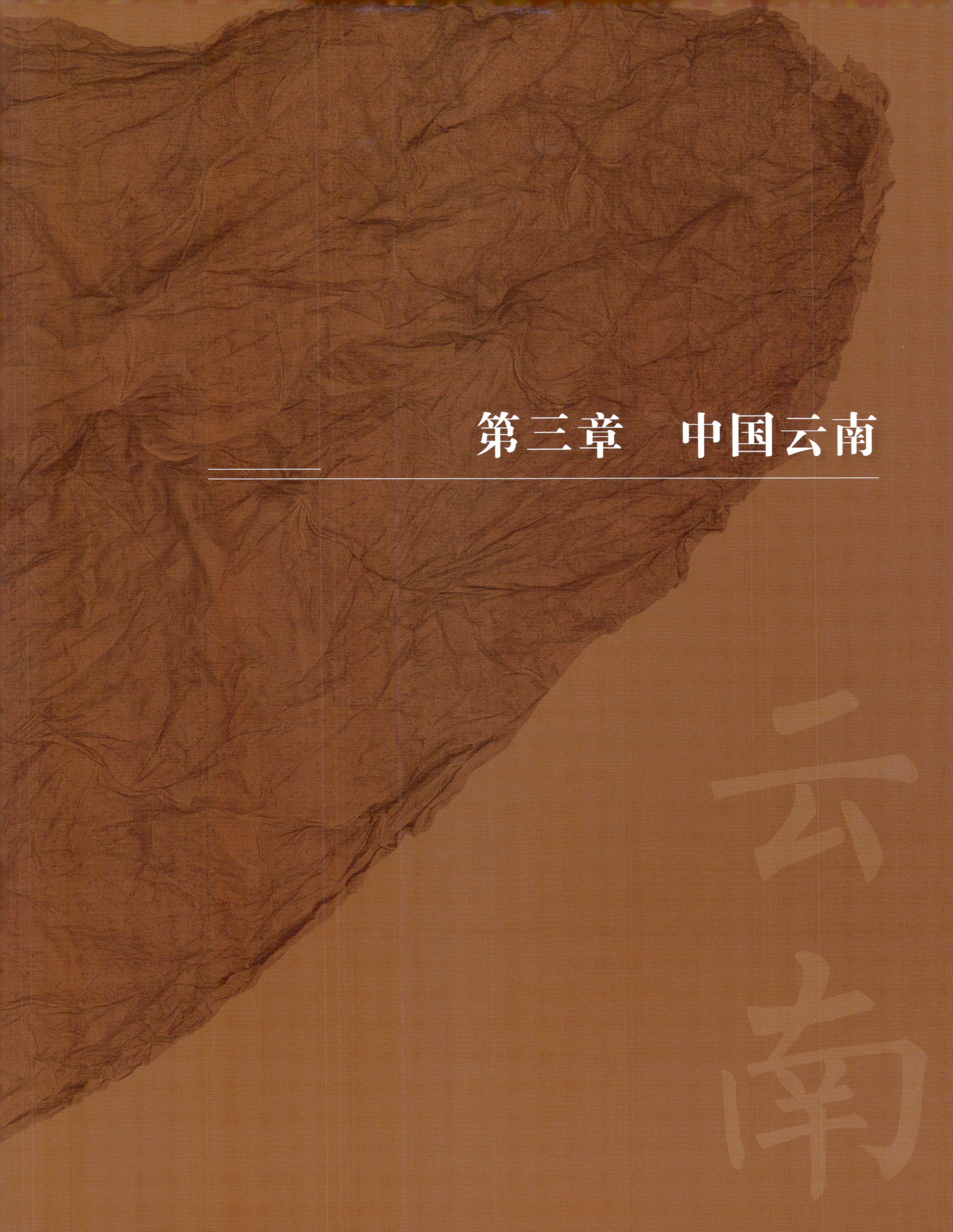

第三章　中国云南

云南位于中国西南地区，受印度洋季风和太平洋季风影响，属亚热带高原型季风性湿润气候，大部分地区年均气温在15°C左右。雪茄烟叶主要种植在德宏、临沧、普洱、玉溪。

德宏芒市介于东经98°01′—98°44′、北纬24°05′—24°39′之间，属南亚热带气候，常年热量丰富，气候温和，年均气温19.5°C，年均日照时数2252.9小时，年均降水量1615.7毫米，最热月平均气温22.8—24.3°C，气温年较差11.8—12.8°C。

临沧市地处北回归线上，纬度与古巴相近，属亚热带低纬度山地季风气候，冬无严寒，夏无酷暑，四季温差不大，垂直变化突出，雨量充沛，光照充足，年均气温18.5°C，年均日照时数2124小时，年均降水量1158.2毫米，全年无霜期。土壤为沙壤土，水资源丰富。

普洱市位于云南西南部，介于东经99°09′—102°19′、北纬22°02'—24°50′之间，北回归线横穿而过。受亚热带季风气候的影响，这里大部分地区常年无霜，冬无严寒，夏无酷暑。普洱海拔在317—3370米之间，中心城区海拔1302米，年均气温15—20.3°C，无霜期在315天以上，年降水量1100—2780毫米。

玉溪烟区地处北纬24°线上，气候温和，一年四季温差在16°C之间，年均气温17.4—23.8°C，年降水量670—2412毫米，属中亚热带湿润冷冬高原季风气候，立体气候特征十分明显，既有四季如春的山区平坝，也有被称为“天然温室”的谷地。

产地	品种	类型	等级	文字描述
云南	云雪 2 号	茄衣	Wr-1-D-M	中褐色，成熟，油分足，身份薄，均匀，完整
			Wr-2-D-M	中褐色，较熟，油分较足，身份中等，较均匀，较完整
			Wr-3-D-M	中褐色，尚熟，油分尚足，身份稍厚，尚均匀，单边可用
		茄套	Bi-1-M	成熟，油分足，完整
			Bi-2-M	较熟，油分较足，较完整
			Bi-3-M	尚熟，油分尚足，单边可用
			Bi-4-M	未达到 3 级质量要求
		茄芯	Fi-B-1-Bt-M	成熟，油分足，均匀
			Fi-B-2-Bt-M	较熟，油分较足，较均匀
			Fi-B-3-Bt-M	尚熟，油分尚足，尚均匀
			Fi-B-4-Bt-M	未达到 3 级质量要求
			Fi-C-1-Bt-M	成熟，油分足，均匀
			Fi-C-2-Bt-M	较熟，油分较足，较均匀
			Fi-C-3-Bt-M	尚熟，油分尚足，尚均匀
			Fi-C-4-Bt-M	未达到 3 级质量要求
			Fi-X-1-Bt-M	成熟，油分足，均匀
			Fi-X-2-Bt-M	较熟，油分较足，较均匀
			Fi-X-3-Bt-M	尚熟，油分尚足，尚均匀
			Fi-X-4-Bt-M	未达到 3 级质量要求

产　　地：云南
品　　种：云雪 2 号
类　　型：茄衣
等　　级：Wr–1–D–M
原 尺 寸：55cm x 24cm
图片比例：1:2

中褐色，成熟，油分足，身份薄，均匀，完整

产　　地：云南
品　　种：云雪 2 号
类　　型：茄衣
等　　级：Wr-2-D-M
原 尺 寸：52cm x 24cm
图片比例：1:2

中褐色，较熟，油分较足，身份中等，较均匀，较完整

产　　地：云南

品　　种：云雪 2 号

类　　型：茄衣

等　　级：Wr-3-D-M

原 尺 寸：50cm x 25cm

图片比例：1:2

中褐色，尚熟，油分尚足，身份稍厚，尚均匀，单边可用

产　　地：云南
品　　种：云雪2号
类　　型：茄套
等　　级：Bi-1-M
原 尺 寸：53cm×25cm
图片比例：1:2

成熟，油分足，完整

产　　地：云南

品　　种：云雪 2 号

类　　型：茄套

等　　级：Bi-2-M

原 尺 寸：48cm×22cm

图片比例：1:2

较熟，油分较足，较完整

产　　地：云南
品　　种：云雪 2 号
类　　型：茄套
等　　级：Bi-3-M
原 尺 寸：44cm×20cm
图片比例：1:2

尚熟，油分尚足，单边可用

产　　地：云南
品　　种：云雪 2 号
类　　型：茄套
等　　级：Bi-4-M
原 尺 寸：50cm x 25cm
图片比例：1:2

未达到 3 级质量要求

产　　地：云南

品　　种：云雪 2 号

类　　型：茄芯

等　　级：Fi-B-1-Bt-M

原 尺 寸：36cm x 17cm

图片比例：1:2

成熟，油分足，均匀

产　　地：云南

品　　种：云雪 2 号

类　　型：茄芯

等　　级：Fi-B-2-Bt-M

原 尺 寸：38cm x 19cm

图片比例：1:2

较熟，油分较足，较均匀

产　　地：云南
品　　种：云雪 2 号
类　　型：茄芯
等　　级：Fi-B-3-Bt-M
原 尺 寸：39cm x 16cm
图片比例：1:2

尚熟，油分尚足，尚均匀

产　　地：云南

品　　种：云雪 2 号

类　　型：茄芯

等　　级：Fi-B-4-Bt-M

原 尺 寸：38cm x 15cm

图片比例：1:2

未达到 3 级质量要求

产　　地：云南
品　　种：云雪 2 号
类　　型：茄芯
等　　级：Fi-C-1-Bt-M
原 尺 寸：46cm x 20cm
图片比例：1:2

成熟，油分足，均匀

产　　地：云南

品　　种：云雪 2 号

类　　型：茄芯

等　　级：Fi-C-2-Bt-M

原 尺 寸：48cm x 20cm

图片比例：1:2

较熟，油分较足，较均匀

产　　地：云南
品　　种：云雪 2 号
类　　型：茄芯
等　　级：Fi-C-3-Bt-M
原 尺 寸：45cm x 24cm
图片比例：1:2

尚熟，油分尚足，尚均匀

产　　地：云南

品　　种：云雪 2 号

类　　型：茄芯

等　　级：Fi-C-4-Bt-M

原 尺 寸：42cm x 20cm

图片比例：1:2

未达到 3 级质量要求

产　　地：云南
品　　种：云雪 2 号
类　　型：茄芯
等　　级：Fi-X-1-Bt-M
原 尺 寸：41cm x 21cm
图片比例：1:2

成熟，油分足，均匀

产　　地：云南

品　　种：云雪 2 号

类　　型：茄芯

等　　级：Fi-X-2-Bt-M

原 尺 寸：40cm x 19cm

图片比例：1:2

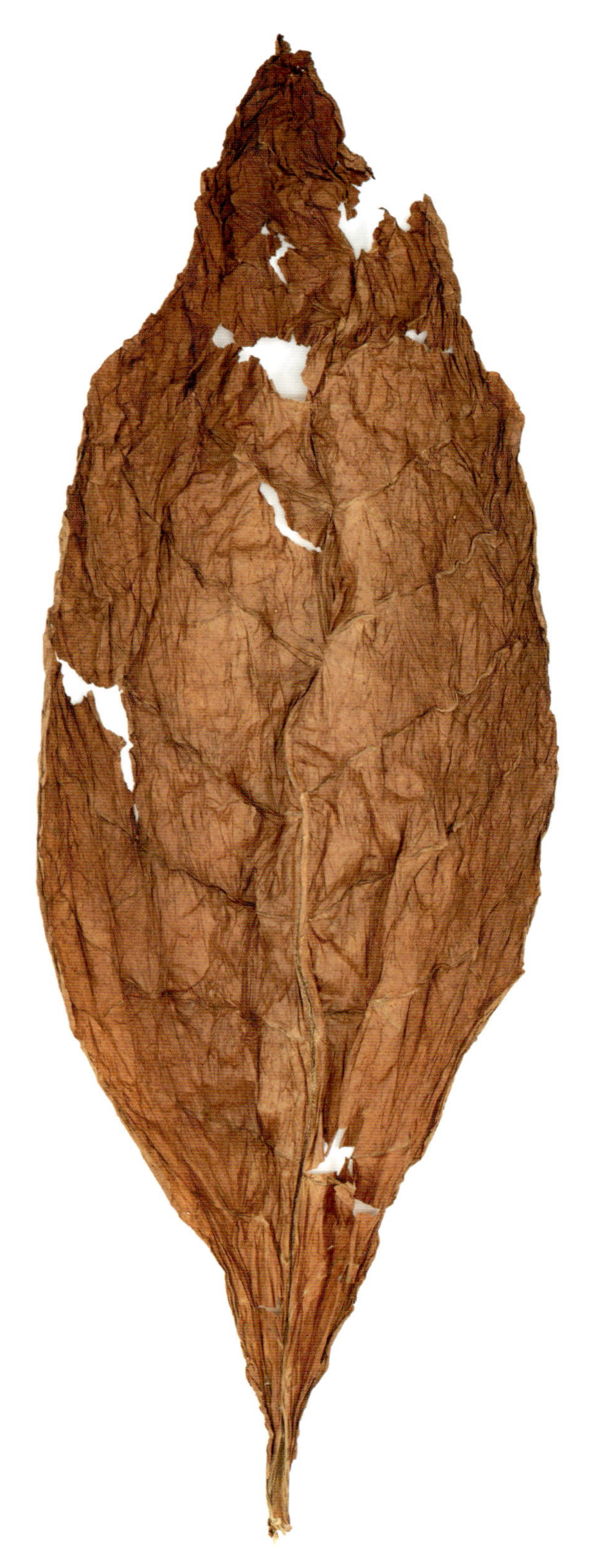

较熟，油分较足，较均匀

产　　地：云南
品　　种：云雪 2 号
类　　型：茄芯
等　　级：Fi-X-3-Bt-M
原 尺 寸：39cm x 20cm
图片比例：1:2

尚熟，油分尚足，尚均匀

产　　地：云南

品　　种：云雪 2 号

类　　型：茄芯

等　　级：Fi-X-4-Bt-M

原 尺 寸：38cm x 18cm

图片比例：1:2

未达到 3 级质量要求

产地	品种	类型	等级	文字描述
云南	云雪 39 号	茄套	Bi-1-M	成熟，油分足，完整
			Bi-2-M	较熟，油分较足，较完整
			Bi-3-M	尚熟，油分尚足，单边可用
			Bi-4-M	未达到 3 级质量要求
		茄芯	Fi-B-1-Bt-M	成熟，油分足，均匀
			Fi-B-2-Bt-M	较熟，油分较足，较均匀
			Fi-B-3-Bt-M	尚熟，油分尚足，尚均匀
			Fi-B-4-Bt-M	未达到 3 级质量要求
			Fi-C-1-Bt-M	成熟，油分足，均匀
			Fi-C-2-Bt-M	较熟，油分较足，较均匀
			Fi-C-3-Bt-M	尚熟，油分尚足，尚均匀
			Fi-C-4-Bt-M	未达到 3 级质量要求
			Fi-X-1-Bt-M	成熟，油分足，均匀
			Fi-X-2-Bt-M	较熟，油分较足，较均匀
			Fi-X-3-Bt-M	尚熟，油分尚足，尚均匀
			Fi-X-4-Bt-M	未达到 3 级质量要求

产　　地：云南
品　　种：云雪 39 号
类　　型：茄套
等　　级：Bi-1-M
原 尺 寸：44cm x 21cm
图片比例：1:2

成熟，油分足，完整

产　　地：云南
品　　种：云雪 39 号
类　　型：茄套
等　　级：Bi-2-M
原 尺 寸：44cm x 20cm
图片比例：1:2

较熟，油分较足，较完整

产　　地：云南

品　　种：云雪 39 号

类　　型：茄套

等　　级：Bi-3-M

原 尺 寸：43cm x 18cm

图片比例：1:2

尚熟，油分尚足，单边可用

产　　地：云南
品　　种：云雪 39 号
类　　型：茄套
等　　级：Bi-4-M
原 尺 寸：40cm x 18cm
图片比例：1:2

未达到 3 级质量要求

产　　地：云南

品　　种：云雪 39 号

类　　型：茄芯

等　　级：Fi-B-1-Bt-M

原 尺 寸：33cm x 20cm

图片比例：1:2

成熟，油分足，均匀

产　　地：云南
品　　种：云雪 39 号
类　　型：茄芯
等　　级：Fi-B-2-Bt-M
原 尺 寸：33cm x 19cm
图片比例：1:2

较熟，油分较足，较均匀

产　　地：云南

品　　种：云雪 39 号

类　　型：茄芯

等　　级：Fi-B-3-Bt-M

原 尺 寸：34cm x 18cm

图片比例：1:2

尚熟，油分尚足，尚均匀

产　　地：云南

品　　种：云雪 39 号

类　　型：茄芯

等　　级：Fi-B-4-Bt-M

原 尺 寸：32cm x 17cm

图片比例：1:2

未达到 3 级质量要求

产　　地：云南

品　　种：云雪 39 号

类　　型：茄芯

等　　级：Fi-C-1-Bt-M

原 尺 寸：43cm x 22cm

图片比例：1:2

成熟，油分足，均匀

产　　地：云南

品　　种：云雪 39 号

类　　型：茄芯

等　　级：Fi-C-2-Bt-M

原 尺 寸：41cm x 23cm

图片比例：1:2

较熟，油分较足，较均匀

产　　地：云南

品　　种：云雪 39 号

类　　型：茄芯

等　　级：Fi-C-3-Bt-M

原 尺 寸：42cm x 21cm

图片比例：1:2

尚熟，油分尚足，尚均匀

产　　地：云南
品　　种：云雪 39 号
类　　型：茄芯
等　　级：Fi-C-4-Bt-M
原 尺 寸：40cm x 20cm
图片比例：1:2

未达到 3 级质量要求

产　　地：云南
品　　种：云雪 39 号
类　　型：茄芯
等　　级：Fi-X-1-Bt-M
原 尺 寸：42cm x 22cm
图片比例：1:2

成熟，油分足，均匀

产　　地：云南
品　　种：云雪 39 号
类　　型：茄芯
等　　级：Fi-X-2-Bt-M
原 尺 寸：42cm x 20cm
图片比例：1:2

较熟，油分较足，较均匀

产　　地：云南

品　　种：云雪 39 号

类　　型：茄芯

等　　级：Fi-X-3-Bt-M

原 尺 寸：40cm x 18cm

图片比例：1:2

尚熟，油分尚足，尚均匀

产　　地：云南
品　　种：云雪 39 号
类　　型：茄芯
等　　级：Fi-X-4-Bt-M
原 尺 寸：39cm x 20cm
图片比例：1:2

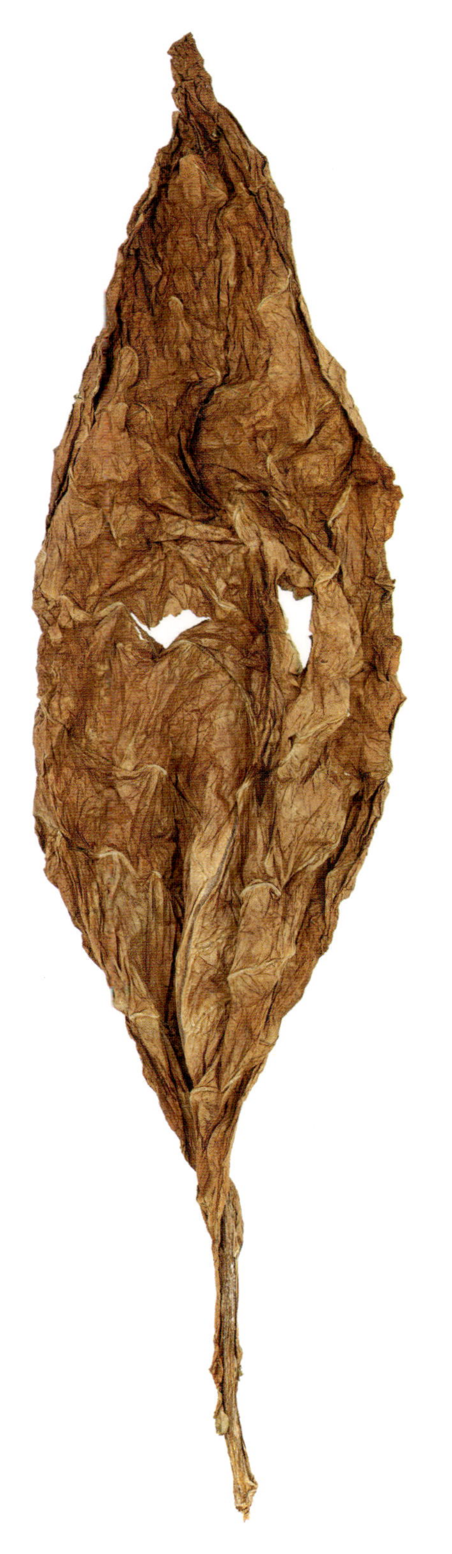

未达到 3 级质量要求

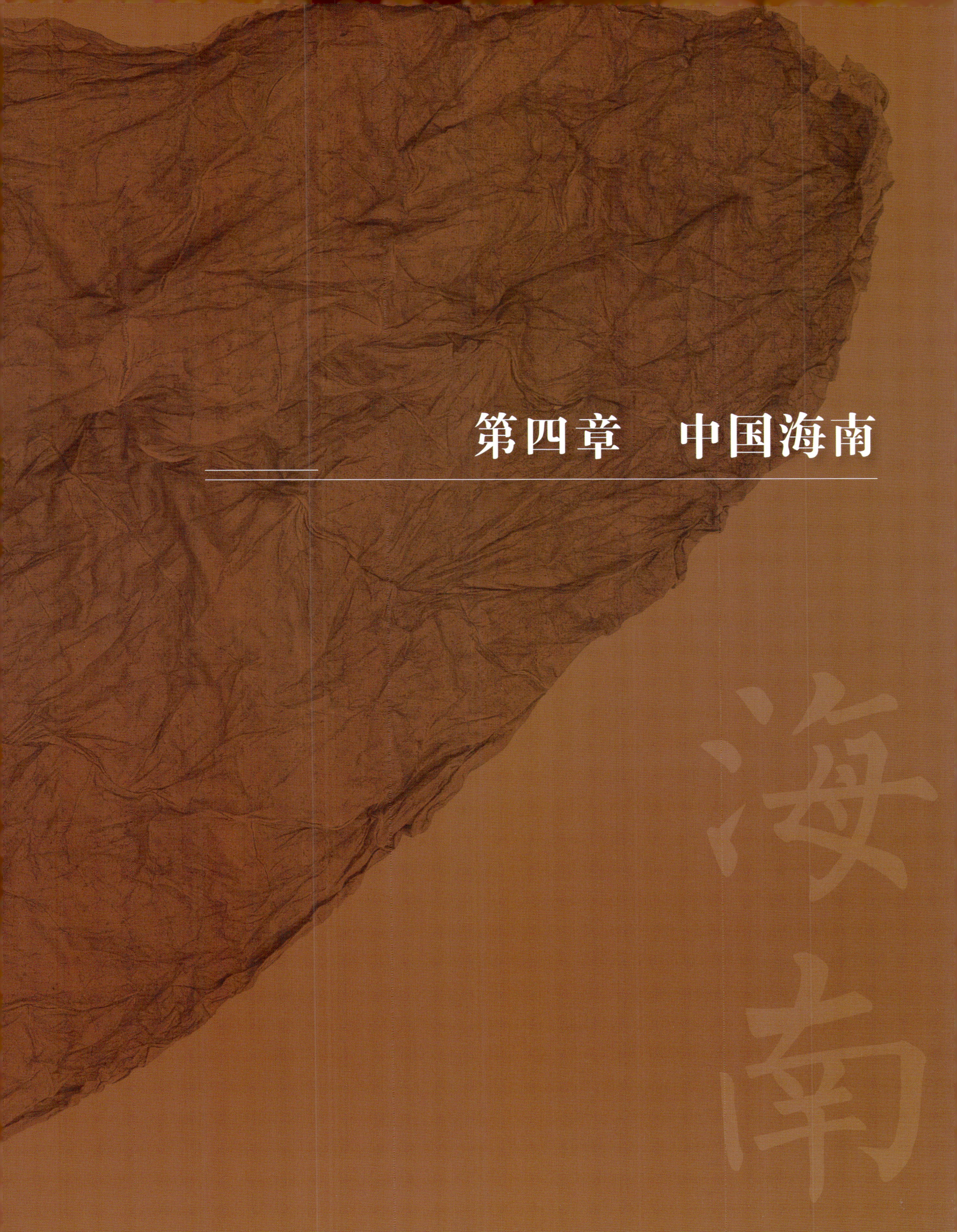

第四章　中国海南

海南岛，中国南海西北部岛屿，陆地平面呈雪梨状椭圆形，长轴作东北—西南走向，面积3万余平方千米，是中国第二大岛，北隔琼州海峡与广东雷州半岛相望，西隔北部湾与中国广西、越南相望。海南岛位于北纬20°左右，属热带季风气候，具有质地疏松、细腻、深厚、肥沃的火山岩成土的红壤土、沙壤土及壤沙土。雪茄烟叶主要种植于儋州市、五指山市与东方市等地。

儋州市位于海南西北部、北部湾东畔，介于北纬19°11′—19°52′、东经108°56′—109°46′之间，处于东亚大陆季风气候的南缘，属热带季风气候。由于受岛内中部隆起的五指山脉的阻隔，处于背风面，又濒临北部湾，故又有独特的小气候，全年接受太阳辐射能量110—130千卡/平方厘米；南部山区较少，约110千卡/平方厘米；西部沿海最多，为130千卡左右/平方厘米。各地年降雨量900—2200毫米，年均1815毫米，大部分地区达1500毫米以上。

五指山市位于海南岛中南部五指山腹地，介于北纬18°38′—19°02′、东经109°19′—109°44′之间。五指山市气候温和，属热带海洋性季风气候，年均气温23.5°C，四季不分明，夏无酷暑，冬无严寒，昼夜温差大，阳光充足，热量丰富。

产地	品种	类型	等级	文字描述
海南建恒	海南 2 号	茄衣	Wr-1-D-M	中褐色，成熟，油分足，身份薄，均匀，完整
			Wr-2-D-M	中褐色，较熟，油分较足，身份中等，较均匀，较完整
			Wr-3-D-M	中褐色，尚熟，油分尚足，身份稍厚，尚均匀，单边可用
		茄套	Bi-1-M	成熟，油分足，完整
			Bi-2-M	较熟，油分较足，较完整
			Bi-3-M	尚熟，油分尚足，单边可用
			Bi-4-M	未达到 3 级质量要求
		茄芯	Fi-B-1-Bt-M	成熟，油分足，均匀
			Fi-B-2-Bt-M	较熟，油分较足，较均匀
			Fi-B-3-Bt-M	尚熟，油分尚足，尚均匀
			Fi-B-4-Bt-M	未达到 3 级质量要求
			Fi-C-1-Bt-M	成熟，油分足，均匀
			Fi-C-2-Bt-M	较熟，油分较足，较均匀
			Fi-C-3-Bt-M	尚熟，油分尚足，尚均匀
			Fi-C-4-Bt-M	未达到 3 级质量要求
			Fi-X-1-Bt-M	成熟，油分足，均匀
			Fi-X-2-Bt-M	较熟，油分较足，较均匀
			Fi-X-3-Bt-M	尚熟，油分尚足，尚均匀
			Fi-X-4-Bt-M	未达到 3 级质量要求

产　　地：海南建恒
品　　种：海南 2 号
类　　型：茄衣
等　　级：Wr-1-D-M
原 尺 寸：45cm x 21cm
图片比例：1:2

中褐色，成熟，油分足，身份薄，均匀，完整

产　　地：海南建恒
品　　种：海南 2 号
类　　型：茄衣
等　　级：Wr-2-D-M
原 尺 寸：51cm x 28.5cm
图片比例：1:2

中褐色，较熟，油分较足，身份中等，较均匀，较完整

产　　地：海南建恒

品　　种：海南 2 号

类　　型：茄衣

等　　级：Wr-3-D-M

原 尺 寸：44cm x 21cm

图片比例：1:2

中褐色，尚熟，油分尚足，身份稍厚，尚均匀，单边可用

产　　地：海南建恒
品　　种：海南 2 号
类　　型：茄套
等　　级：Bi-1-M
原 尺 寸：45cm x 23cm
图片比例：1:2

成熟，油分足，完整

产　　地：海南建恒

品　　种：海南 2 号

类　　型：茄套

等　　级：Bi-2-M

原 尺 寸：41 cm x 19cm

图片比例：1:2

较熟，油分较足，较完整

产　　地：海南建恒
品　　种：海南 2 号
类　　型：茄套
等　　级：Bi-3-M
原 尺 寸：43cm x 21.5cm
图片比例：1:2

尚熟，油分尚足，单边可用

产　　地：海南建恒

品　　种：海南 2 号

类　　型：茄套

等　　级：Bi-4-M

原 尺 寸：42 cm x 21.5cm

图片比例：1:2

未达到 3 级质量要求

产　　地：海南建恒

品　　种：海南 2 号

类　　型：茄芯

等　　级：Fi-B-1-Bt-M

原 尺 寸：39cm x 18cm

图片比例：1:2

成熟，油分足，均匀

产　　地：海南建恒

品　　种：海南 2 号

类　　型：茄芯

等　　级：Fi-B-2-Bt-M

原 尺 寸：40 cm x 17cm

图片比例：1:2

较熟，油分较足，较均匀

产　　地：海南建恒
品　　种：海南 2 号
类　　型：茄芯
等　　级：Fi-B-3-Bt-M
原 尺 寸：42cm x 15cm
图片比例：1:2

尚熟，油分尚足，尚均匀

产　　地：海南建恒

品　　种：海南 2 号

类　　型：茄芯

等　　级：Fi-B-4-Bt-M

原 尺 寸：28 cm x 12cm

图片比例：1:2

未达到 3 级质量要求

产　　地：海南建恒
品　　种：海南 2 号
类　　型：茄芯
等　　级：Fi-C-1-Bt-M
原 尺 寸：42cm x 20cm
图片比例：1:2

成熟，油分足，均匀

产　　地：海南建恒

品　　种：海南 2 号

类　　型：茄芯

等　　级：Fi-C-2-Bt-M

原 尺 寸：43.5 cm x 18cm

图片比例：1:2

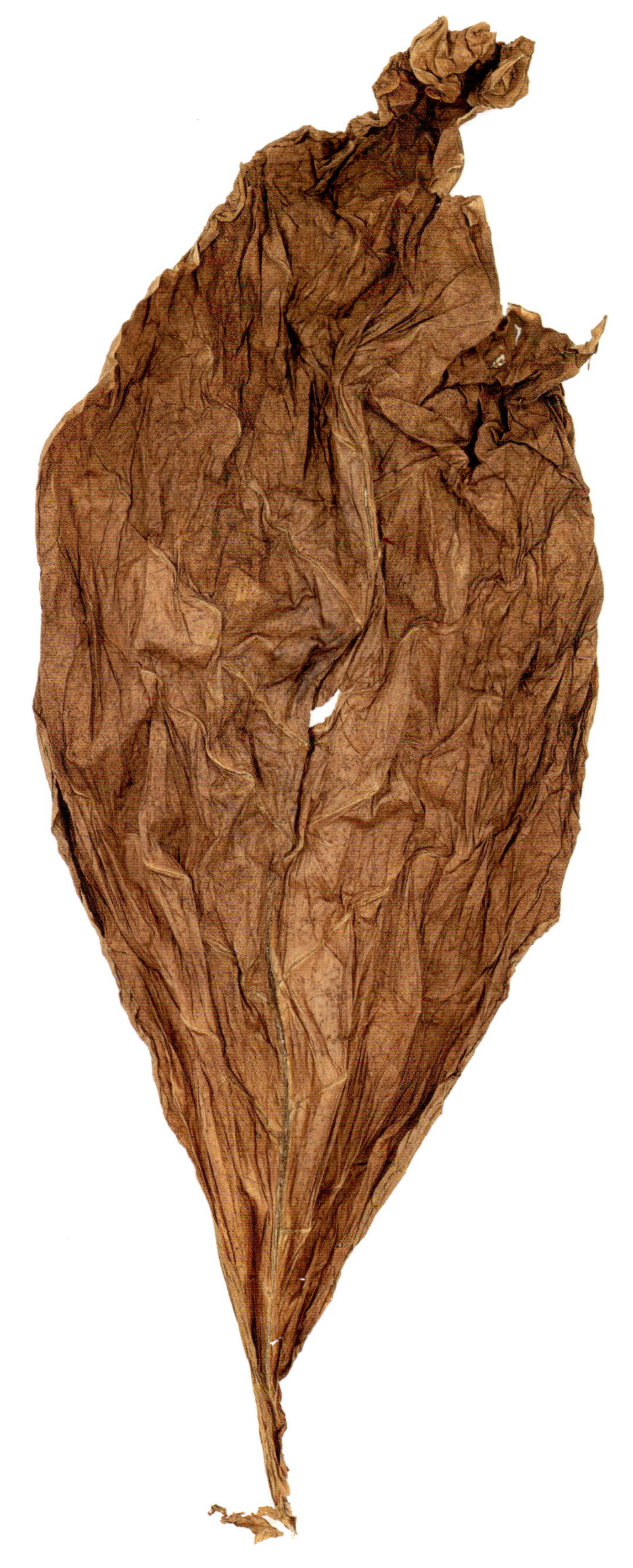

较熟，油分较足，较均匀

产　　地：海南建恒
品　　种：海南 2 号
类　　型：茄芯
等　　级：Fi-C-3-Bt-M
原 尺 寸：42cm x 20cm
图片比例：1:2

尚熟，油分尚足，尚均匀

产　　地：海南建恒

品　　种：海南 2 号

类　　型：茄芯

等　　级：Fi-C-4-Bt-M

原 尺 寸：39 cm x 14cm

图片比例：1:2

未达到 3 级质量要求

产　　地：海南建恒
品　　种：海南 2 号
类　　型：茄芯
等　　级：Fi-X-1-Bt-M
原 尺 寸：42cm x 23cm
图片比例：1:2

成熟，油分足，均匀

产　　地：海南建恒

品　　种：海南 2 号

类　　型：茄芯

等　　级：Fi-X-2-Bt-M

原 尺 寸：36 cm x 16cm

图片比例：1:2

较熟，油分较足，较均匀

产　　地：海南建恒

品　　种：海南 2 号

类　　型：茄芯

等　　级：Fi-X-3-Bt-M

原 尺 寸：39cm x 16cm

图片比例：1:2

尚熟，油分尚足，尚均匀

产　　地：海南建恒

品　　种：海南 2 号

类　　型：茄芯

等　　级：Fi-X-4-Bt-M

原 尺 寸：39 cm x 15cm

图片比例：1:2

未达到 3 级质量要求

产地	品种	类型	等级	文字描述
海南五指山	海研 101	茄衣	Wr-1-D-M	中褐色，成熟，油分足，身份薄，均匀，完整
			Wr-2-D-M	中褐色，较熟，油分较足，身份中等，较均匀，较完整
			Wr-3-D-M	中褐色，尚熟，油分尚足，身份稍厚，尚均匀，单边可用
		茄套	Bi-1-M	成熟，油分足，完整
			Bi-2-M	较熟，油分较足，较完整
			Bi-3-M	尚熟，油分尚足，单边可用
			Bi-4-M	未达到 3 级质量要求
		茄芯	Fi-B-1-Bt-M	成熟，油分足，均匀
			Fi-B-2-Bt-M	较熟，油分较足，较均匀
			Fi-B-3-Bt-M	尚熟，油分尚足，尚均匀
			Fi-B-4-Bt-M	未达到 3 级质量要求
			Fi-C-1-Bt-M	成熟，油分足，均匀
			Fi-C-2-Bt-M	较熟，油分较足，较均匀
			Fi-C-3-Bt-M	尚熟，油分尚足，尚均匀
			Fi-C-4-Bt-M	未达到 3 级质量要求
			Fi-X-1-Bt-M	成熟，油分足，均匀
			Fi-X-2-Bt-M	较熟，油分较足，较均匀
			Fi-X-3-Bt-M	尚熟，油分尚足，尚均匀
			Fi-X-4-Bt-M	未达到 3 级质量要求

产　　地：海南五指山

品　　种：海研 101

类　　型：茄衣

等　　级：Wr-1-D-M

原 尺 寸：45.5cm x 22cm

图片比例：1:2

中褐色，成熟，油分足，身份薄，均匀，完整

产　　地：海南五指山
品　　种：海研 101
类　　型：茄衣
等　　级：Wr-2-D-M
原 尺 寸：47cm x 20cm
图片比例：1:2

中褐色，较熟，油分较足，身份中等，较均匀，较完整

产　　地：海南五指山

品　　种：海研 101

类　　型：茄衣

等　　级：Wr-3-D-M

原 尺 寸：43cm x 18cm

图片比例：1:2

中褐色，尚熟，油分尚足，身份稍厚，尚均匀，
单边可用

产　　地：海南五指山
品　　种：海研 101
类　　型：茄套
等　　级：Bi-1-M
原 尺 寸：43cm x 19cm
图片比例：1:2

成熟，油分足，完整

产　　地：海南五指山

品　　种：海研 101

类　　型：茄套

等　　级：Bi-2-M

原 尺 寸：38cm x 18cm

图片比例：1:2

较熟，油分较足，较完整

产　　地：海南五指山
品　　种：海研 101
类　　型：茄套
等　　级：Bi-3-M
原 尺 寸：37.5cm x 18cm
图片比例：1:2

尚熟，油分尚足，单边可用

产　　地：海南五指山
品　　种：海研 101
类　　型：茄套
等　　级：Bi-4-M
原 尺 寸：38cm x 16.5cm
图片比例：1:2

未达到 3 级质量要求

产　　地：海南五指山
品　　种：海研 101
类　　型：茄芯
等　　级：Fi-B-1-Bt-M
原 尺 寸：40cm x 19cm
图片比例：1:2

成熟，油分足，均匀

产　　地：海南五指山

品　　种：海研 101

类　　型：茄芯

等　　级：Fi-B-2-Bt-M

原 尺 寸：36 cm x 16cm

图片比例：1:2

较熟，油分较足，较均匀

产　　地：海南五指山

品　　种：海研 101

类　　型：茄芯

等　　级：Fi-B-3-Bt-M

原 尺 寸：36cm x 15cm

图片比例：1:2

尚熟，油分尚足，尚均匀

产　　地：海南五指山

品　　种：海研 101

类　　型：茄芯

等　　级：Fi-B-4-Bt-M

原 尺 寸：30 cm x 11.5cm

图片比例：1:2

未达到 3 级质量要求

产　　地：海南五指山
品　　种：海研 101
类　　型：茄芯
等　　级：Fi-C-1-Bt-M
原 尺 寸：45cm x 22cm
图片比例：1:2

成熟，油分足，均匀

产　　地：海南五指山

品　　种：海研 101

类　　型：茄芯

等　　级：Fi-C-2-Bt-M

原 尺 寸：45 cm x 18cm

图片比例：1:2

较熟，油分较足，较均匀

产　　地：海南五指山
品　　种：海研 101
类　　型：茄芯
等　　级：Fi-C-3-Bt-M
原 尺 寸：44cm x 21cm
图片比例：1:2

尚熟，油分尚足，尚均匀

产　　地：海南五指山

品　　种：海研 101

类　　型：茄芯

等　　级：Fi-C-4-Bt-M

原 尺 寸：42.5 cm x 13cm

图片比例：1:2

未达到 3 级质量要求

产　　地：海南五指山

品　　种：海研 101

类　　型：茄芯

等　　级：Fi-X-1-Bt-M

原 尺 寸：37.5cm x 16.5cm

图片比例：1:2

成熟，油分足，均匀

产　　地：海南五指山
品　　种：海研 101
类　　型：茄芯
等　　级：Fi-X-2-Bt-M
原 尺 寸：40 cm x 23.5cm
图片比例：1:2

较熟，油分较足，较均匀

产　　地：海南五指山

品　　种：海研 101

类　　型：茄芯

等　　级：Fi-X-3-Bt-M

原 尺 寸：38cm x 16.5cm

图片比例：1:2

尚熟，油分尚足，尚均匀

产　　地：海南五指山
品　　种：海研 101
类　　型：茄芯
等　　级：Fi-X-4-Bt-M
原 尺 寸：39 cm x 18.5cm
图片比例：1:2

未达到 3 级质量要求